21 世纪高职高专艺术设计规划教材

手绘 PERFORMANCE TECHNIQUES OF HAND PAINTED RENDERINGS 效果图表现技法

——项目教学与实训案例（第2版）

吕从娜 著

清华大学出版社

北 京

内 容 简 介

本书重点介绍了手绘效果图的绘制方法和马克笔使用的一些方法和技巧。全书分为四章,分别介绍了手绘表现基础、基础表现、空间表现和案例赏析。本书的最大特点是在项目实践中让读者学习到知识,将理论知识转化为实践项目进行讲授。同时列举了大量实际项目进行说明,并有技巧提示,使读者可以边学习边实践。

本书可以作为本科及高职高专环境艺术设计、室内装潢设计、园林设计、建筑及景观设计等相关专业学生的教材,也适合初学者使用。

图书在版编目(CIP)数据

手绘效果图表现技法:项目教学与实训案例/吕从娜著.—2版.—北京:清华大学出版社,2018(2024.7重印)

(21世纪高职高专艺术设计规划教材)

ISBN 978-7-302-48675-6

Ⅰ. ①手… Ⅱ. ①吕… Ⅲ. ①室内装饰设计—绘画技法—高等职业教育—教材 ②室外装饰—建筑艺术—绘画技法—高等职业教育—教材 Ⅳ. ①TU204

中国版本图书馆 CIP 数据核字(2017)第 270526 号

责任编辑:张龙卿
封面设计:徐日强　高　旭
责任校对:袁　芳
责任印制:刘海龙

出版发行:清华大学出版社
　　　　　网　　　址:https://www.tup.com.cn, https://www.wqxuetang.com
　　　　　地　　　址:北京清华大学学研大厦 A 座　　　　邮　　编:100084
　　　　　社 总 机:010-83470000　　　　　　　　　　邮　　购:010-62786544
　　　　　投稿与读者服务:010-62776969,c-service@tup.tsinghua.edu.cn
　　　　　质量反馈:010-62772015,zhiliang@tup.tsinghua.edu.cn
　　　　　课件下载:https://www.tup.com.cn, 010-62770175-4278
印 装 者:涿州市般润文化传播有限公司
经　　销:全国新华书店
开　　本:210mm×285mm　　　印　张:5.75　　　字　数:163 千字
版　　次:2010 年 2 月第 1 版　2018 年 2 月第 2 版　　印　次:2024 年 7 月第 5 次印刷
定　　价:59.00 元

产品编号:076744-02

手绘效果图表现技法——项目教学与实训案例（第2版）

前　言

　　高等职业教育是国民教育体系中高等教育的一种类型和层次，是高等本科教育不同类型、不同层次的高等教育。它和本科教育强调学科性不同，它是按照职业分类，根据一定职业岗位（群）实际业务活动范围的要求，培养生产、建设管理与社会服务第一线实用性（技术应用性或职业性）人才。这种教育更强调对职业的针对性和职业技能能力的培养，是以社会人才市场需求为导向的就业教育。

　　本书汇集了笔者多年的设计实践经验，也是其在高职教育工作中对课程的研究和总结。根据高等职业教育的特点和培养目标，本书理论教学以适用为重，理论讲述全面而精要，表述深入浅出，分析透彻明了，并配有大量最新的图片资料加以说明，力求具有鲜明的专业性和时代性。本书以设计实践为基础，面向建筑装饰生产一线，适应市场就业需求趋向，可上手性强。使从高职院校毕业的学生能成为职业生涯发展基础的高等技术应用性人才。

　　由于设计市场的巨大潜力，全国大概有近200所院校设有环境艺术设计专业，并且都将这个学科作为重点学科来发展。目前，在设计行业中对于手绘表现，存在着两种较为极端的手绘思维。一种是过度重视，把手绘作为一门专业的绘画艺术，这类手绘表现脱离了市场。另一种较为极端的手绘思维是过度依赖计算机，往往是一些不懂设计的人具备的，也会使设计师的形象思维能力和创作灵感迟钝、衰减。为了培养学生成为真正的设计师，本书以实战为基本出发点，不仅包含了全面的表现技法理论知识，更注重实践能力，而非一味强调上色技巧、材质表现等机械的学习规律。通过以项目形式来逐一分解其知识点，使学生能够独立完成手绘方案稿的设计，具有职业经验并能转化为生产的创作成果。本书与其他书相比范围更广，实用性更强，更符合高等职业教育事业的发展要求。

编　者

2017年10月于沈阳

目　　录

手绘效果图表现技法——项目教学与实训案例（第2版）

第一章　手绘表现基础 **1**

第一节　工具介绍 ……………………………………………1
第二节　线的练习 ……………………………………………2
　　一、线的性格特征 …………………………………………2
　　二、线的练习 ………………………………………………3
第三节　透视 …………………………………………………4
　　一、透视的基本画法——一点透视 ………………………4
　　二、透视的基本画法——两点透视 ………………………6
　　三、透视的基本画法——一点斜透视（一点成角
　　　　透视）…………………………………………………7
第四节　马克笔上色技巧 ……………………………………9
　　一、马克笔的特性 …………………………………………9
　　二、效果图上色注意事项 ………………………………10
　　三、笔触 …………………………………………………10
　　四、效果图中质感的表现 ………………………………12

第二章　基础表现 **14**

第一节　室内篇 ……………………………………………14
　　一、室内陈设 ……………………………………………14
　　二、项目教学 ……………………………………………14
　　三、室内陈设练习 ………………………………………19
第二节　室外篇 ……………………………………………22
　　一、配景 …………………………………………………22
　　二、植物练习 ……………………………………………28

第三章　空间表现 **33**

第一节　空间表现绘制步骤 ………………………………33
第二节　室内外项目教学 …………………………………33
　　一、项目教学——室内项目 ……………………………33
　　二、项目教学——室外项目 ……………………………39

第四章　案例赏析 **44**

参考文献 **85**

第一章　手绘表现基础

知识目标：透视原理、线的特征、马克笔上色技巧。

技能目标：能够正确运用透视原理绘制家具陈设并进行简单的上色。

第一节　工具介绍

知识目标：学会用工具进行相应的表现。

技能目标：掌握不同工具的特性并用于表现不同的效果。

（1）钢笔：分为普通钢笔和美工笔两种。其中普通钢笔画出的线条挺拔有力，并富有弹性；美工笔线条本身具有美感，运用起来更加灵活多变。

（2）绘图笔：粗细型号不等，画出的线条稳而挺。

（3）彩色铅笔：分油性和水溶性。水溶性可用水来调和，或与马克笔结合起来使用，能表现丰富的色彩关系和色彩间的自然过渡，以弥补马克笔颜色层次的不足。

（4）马克笔：分油性和水性两种。有单头和双头之分，油性与水性从色彩感觉和使用上都有所不同。油性笔用甲苯稀释，有较强的渗透力，既可在硫酸纸上作画，也可在硫酸纸反面上色，这样不仅不影响正面的线条，而且从正面看上去色彩更为自然和谐。缺点是色料不太稳定，曝于自然光下会褪色，但运用时手感较好。水性马克笔的颜料可溶于水，缺点是水性笔易伤纸面，色彩会显得灰暗。应根据自己的使用习惯和表现要求合理选择，充分发挥他们的特性。

（5）色粉笔："粉笔"一词最初指由富含钙质的海贝鳞片积淀成的石灰石块，其色彩丰富。未煅烧过的粉笔更柔和，颗粒能够渗入纸纹中，在效果表现中只作辅助工具使用。色粉笔用于大面积的渲染和过渡，能起到柔和、调解画面的效果。

（6）修正液：它不仅有修改画面的作用，而且在画面上可用来点出高光，起到画龙点睛的作用。

（7）软橡皮：质地较为柔软，能擦掉多余的彩铅，也可使色彩变得柔和。

（8）美工刀：用来削铅笔和裁纸张。

（9）墨：一般使用防水冲洗的碳素墨水，黑色纯正，不易掉色，作品易保存。

（10）纸：一般分为复印纸、薄型复稿纸、新闻纸、色卡纸、硫酸纸、素描纸。

上面提到的部分绘图工具实物图如图1-1所示。

作业要求：收集参考资料，整理绘图工具与材料，并做性能练习。

图1-1　绘图工具

第二节　线 的 练 习

知识目标：熟练掌握不同线条的特征。

技能目标：通过排线练习会表达各种不同性格的线条。

　　线的练习是快速表现的基础,线也是造型艺术中最重要的元素之一,看似简单,其实千变万化。快速表现主要强调线的美感,线条变化包括线的快慢、虚实、轻重、曲直等关系,要把线条画出美感,有气势、有生命力,要做到这几点并非容易,要进行大量的练习。在教学过程中要求学生先学会画线,然后再画几何形体。有些初学者开始练习时画得非常小心,怕线画不直。快速表现要求的"直",是感觉和视觉上的"直",甚至可以在曲中求"直",最终达到视觉上的平衡就可以了。

一、线的性格特征

　　线是造型的基础,也是重要的造型元素,看起来简单,但是它可以千变万化。线条的刚柔可表达物体的软硬;线条的疏密可表达物体的层次;线条的曲直可表达物体的动静;线条的虚实可表达物体的远近,如图1-2所示。

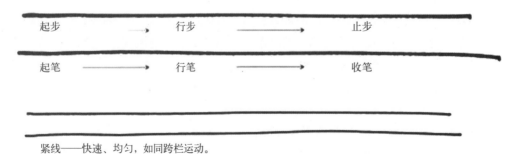

　　紧线——快速、均匀,如同跨栏运动。

图1-2　线的图例

缓线——缓慢、随意，犹如漫步在小道上。

颤线——颤动、轻松，有着舒缓的节奏。

随意的线——呈波浪形、圆形、不规则形，像水中游动的鱼。

🎨 图 1-2（续）

二、线的练习

不同的线，可以表现出不同的纹理和质感，如图 1-3 所示。

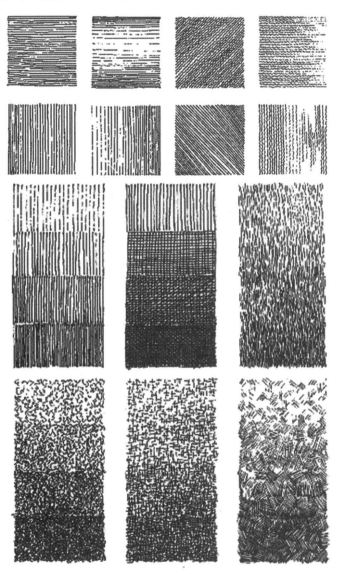

🎨 图1-3 线的练习

作业要求：用 A4 纸完成 4 种以上的效果练习。

第三节 透 视

知识目标：熟练掌握各种透视原理及其特征。

技能目标：通过透视练习，会用各种透视绘制效果图。

透视对于手绘效果图表现来说是非常重要的，如果说"线"是效果图的"骨"，那么"透视"就是效果图的"形"。没有"形"，只有"骨"，空间也是"立"不住的，所以说透视是效果图的"灵魂"。

一、透视的基本画法——一点透视

当形体的一个主要面平行于画面，而其他面的线垂直于画面，并且斜线消失在一个点上所形成的透视，称为一点透视。

优点：一点透视比较适合表现大的场面，纵深感很强。

缺点：画面比较呆板，不够活泼。

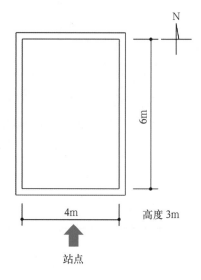

图1-4 一点透视平面图

【案例1】

利用一点透视原理，绘制长6m、宽4m、高3m的空间网格，如图1-4所示。

步骤详解：

（1）确定构图，按比例画出，随后画上单位标记，不过这个"基准面"在纸上的比例非常小（确定基面ABCD），如图1-5所示。

（2）确定视平线（HL）。一般情况下，是以1.6m或1.7m作为人的平均身高，这个高度也可以称为"正常视高"。根据实际的情况需要，这个高度可以做相应调整。这里确定为1.5m。

在HL线上确定灭点（VP），VP点的位置需要根据实际需要进行左右调整，大致可按2:3或1:2的关系确定，如图1-6所示。

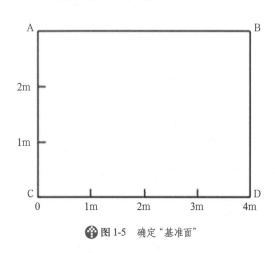

图1-5 确定"基准面"

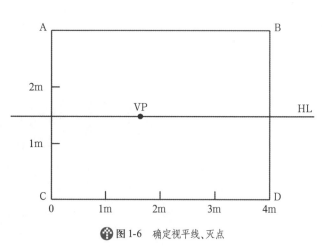

图1-6 确定视平线、灭点

（3）VP点引放射线分别穿过A、B、C、D四个点，一直延伸到"基准面"外直至接近纸张的边缘，如图1-7所示。

（4）将CD线延长（方向任意），然后将HL线和CD线都延伸至"基准面"以外的部分，并按照比例在CD线的延长部分上做单位标记（以D点为起点，标记至6m）。在6m以外，接近6m标记的HL线上确定M点，然后由M点分别引线，穿CD线延长部分的各单位标记，并交于Z线，生成交点1、2、3、4、5、6，如图1-8所示。

（5）用同样的方法，分别引水平线和垂直线，并生成透视框架，如图1-9所示。

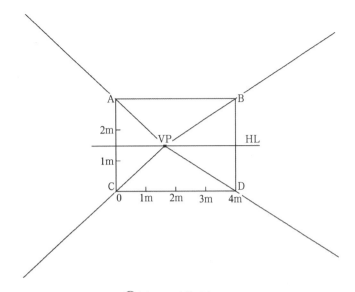

图 1-7 连接灭点

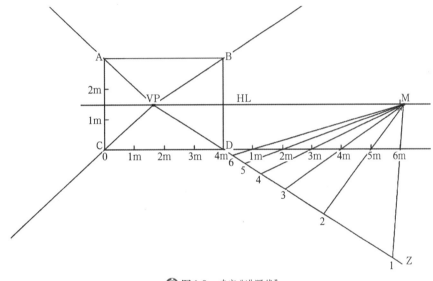

图 1-8 确定"进深线"

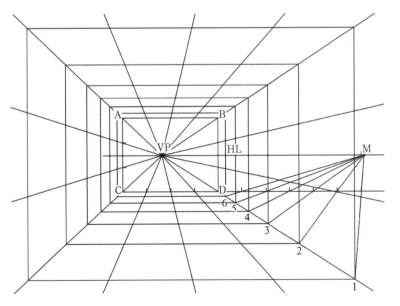

图 1-9 绘制空间网格

二、透视的基本画法——两点透视

当物体只有垂直线平行于画面,而水平线倾斜形成两个消失点时形成的透视,称为两点透视。

优点：两点透视画面效果比较活泼、自由。

缺点：视角选取不准,容易产生变形,不易控制。

【案例 2】

利用两点透视原理,绘制长 6m、宽 4m、高 3m 的空间网格,如图 1-10 所示。

步骤详解：

(1) 按照实际的比例尺寸确定墙角线 AB。过 AB 作视平线 HL。过 B 点作水平线 GL (辅助线),找到进深和开间的尺寸。在 HL 上任意确定两个消失点 VP_1、VP_2,如图 1-11 所示。

● 图 1-10　两点透视平面图

(2) 依次连接 VP_1A、VP_1B、VP_2A、VP_2B,求出墙角线,如图 1-12 所示。

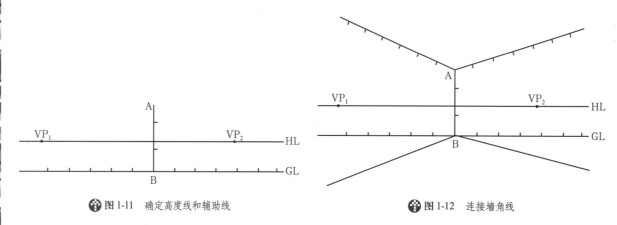

● 图 1-11　确定高度线和辅助线

● 图 1-12　连接墙角线

(3) 以 VP_1 到 VP_2 的连线为直径画圆的下半部,在半圆上确定视点 E。以 E 点为依据,分别以 VP_1、VP_2 为圆心,以 VP_1E、VP_2E 为半径画弧,分别交 HL 于点 M_1、M_2,如图 1-13 所示。

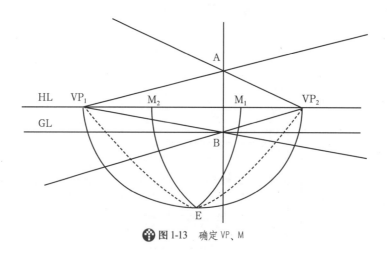

● 图 1-13　确定 VP、M

(4) 在 GL 上刻画出开间和进深所在的位置 4m、6m。过 M 点分别与 GL 上的尺寸相连,交墙角线于 1、2、3、4、5、6、7、8 点,如图 1-14 所示。

(5) 过 1、2、3、4、5、6、7、8 点作平行于 AB 的垂直线,交于顶面。用求地格的方法求出天格,如图 1-15 所示。

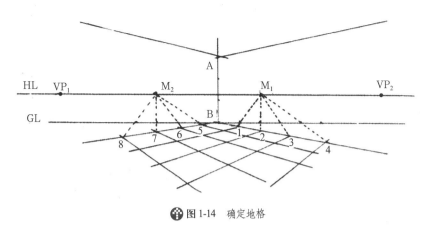

☺图1-14　确定地格

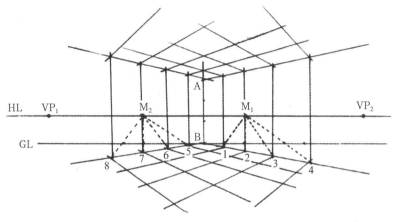

☺图1-15　确定天格

（6）在AB上找出相应的高度，求出墙格，如图1-16所示。

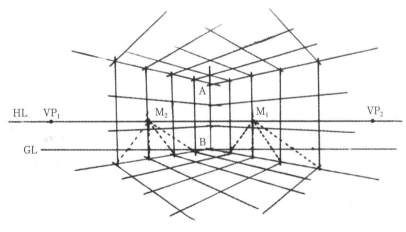

☺图1-16　确定墙格

三、透视的基本画法——一点斜透视（一点成角透视）

人站在地平面上，对着一个墙面时所见的透视为一点透视。而当人正对着墙角线时，见到的透视为两点透视。但当人对着内墙面，视角略有倾斜角度时看到的效果呢？此时的透视介于一点透视与两点透视之间，这种透视叫作一点斜透视（或一点成角透视）。

【案例3】

利用一点斜透视原理，绘制长10m、宽10m、高6m的空间网格，如图1-17所示。

步骤详解：

（1）根据比例，建立坐标，根据构图需要，建立视平线 HL，确立视心 VC、视点 EP，如图 1-18 所示。

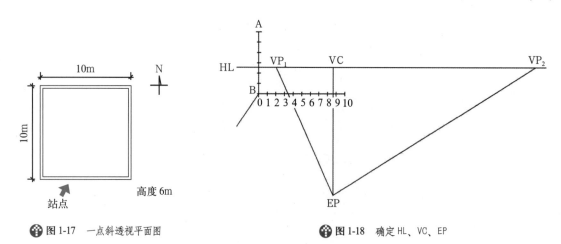

图 1-17　一点斜透视平面图　　　　　图 1-18　确定 HL、VC、EP

（2）确立 VP$_1$、VP$_2$，以 VP$_1$ 为圆心，VP$_1$ 到 EP 的距离为半径作弧，交 HL 于 M$_1$。以 VP$_2$ 为圆心，VP$_2$ 到 EP 的距离为半径作弧，交 HL 于 M$_2$，点 M$_1$、M$_2$ 为测点。

（3）分别过点 A、B 与 VP$_2$ 相连。

（4）连接点 M$_2$ 和点 10，交 BVP$_2$ 于点 C。过点 C 作垂直线，交 AVP$_2$ 于点 D。四边形 ABCD 为一个墙面，如图 1-19 所示。

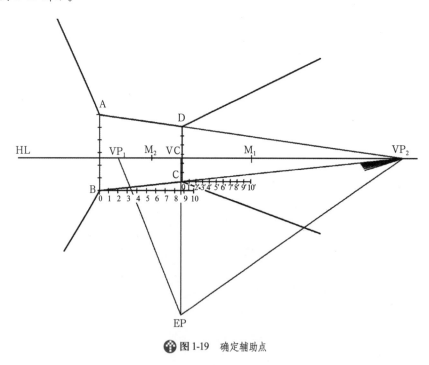

图 1-19　确定辅助点

（5）过点 VP$_1$ 分别和点 A、B、C、D 相连并继续延长，只显示延长线。

（6）过 C 点作一条平行于 HL 的直线，过点 1、2、3、…、10，分别连接灭点 VP$_2$ 取得点 1′、2′、3′、…、10′，即为另一个尺度坐标。根据其中两点的距离，取得横轴坐标 1′～10′，如图 1-19 所示。

（7）过点 M$_1$ 和 M$_2$，分别与点 1′～10′ 和点 1～10 相连接，所取得的点分别与灭点 VP$_2$ 和 VP$_1$ 相连，如图 1-20 所示。

（8）根据测点法建立地格，如图 1-21 所示。

作业要求： 用一点透视原理、两点透视原理、一点斜透视原理绘制空间网格。

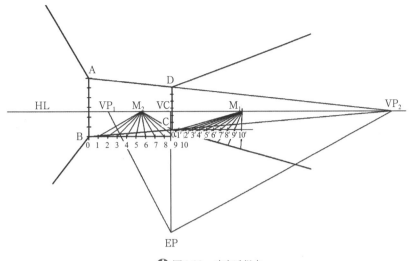

图1-20　确定透视点

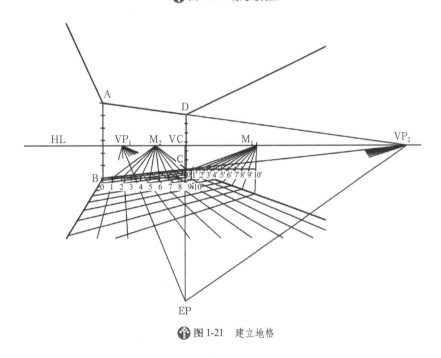

图1-21　建立地格

第四节　马克笔上色技巧

知识目标：马克笔的排笔和各种材质的表现。

技能目标：通过上色技巧的学习,会用马克笔表现各种材质。

一、马克笔的特性

油性马克笔有四大特点：①硬；②洇；③色彩可预知性；④可重复叠色。

（1）硬：不仅是马克笔的笔尖硬,它的笔触也是硬而肯定的。试观察笔尖会发现,油性马克笔为硬毡头笔尖,并且笔尖为宽扁的斜面。利用这些特点我们可以画出很多不同的效果。如：用斜面上色,可画出较宽的面；用笔尖转动上色,可获得丰富点的效果；用笔根部上色,可得到较细的线条。

（2）洇：油性马克笔的溶剂为酒精性溶液,极易附着在纸面上。若笔在纸面上停留时间稍长便会洇开一片,并且按笔的力度,会加重阴湿的效果和色彩的明度。而加快运笔的速度,会得到色彩由深到浅的渐变效果。利用这一特性,我们可以表现物体光影的变化。

（3）色彩可预知性：无论何时使用,马克笔的色泽总会不变,所以当我们通过实验获得较满意的色彩效果时,就可以记下马克笔的型号,以备下次遇到类似问题时使用。

(4) 可重复叠色:马克笔虽不能像水彩那样调色,但可在纸面上反复叠色,我们可以通过有限的型号色彩的反复叠加来获得较理想的视觉效果。

二、效果图上色注意事项

(1) 马克笔绘画步骤与水彩相似,上色由浅入深。先刻画物体的暗部,然后逐步调整暗、亮两面的色彩。

(2) 马克笔上色以爽快干净为好,不要反复涂抹,一般上色不可超过四层色彩,若层次较多,色彩会变得乌钝,失去马克笔应有的光泽。

三、笔触

(1) 定义。设计者在主观上促使笔在纸上做有目的的运动,所留下的轨迹即是笔触。

(2) 笔触的应用特点。手绘效果图的笔触安排,看似容易,画起来却很难。要经过很长时间的磨炼,需要实践经验的积累,才能做到游刃有余。

(3) 针对物体画笔触。

① 按照物体的形体结构块面的转折关系和走向运笔。图1-22 (a) 所示物体有一个面是凹进去的,而且是带有圆弧状的,应像该图这样运笔,笔触也应该是带有弧度的。图1-22 (b) 所示物体的笔触走向是错误的,如果这样画,人们不会认为此物体的这个面是有弧度的。

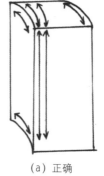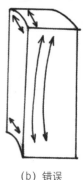

(a) 正确　　　　　(b) 错误

❀ 图1-22　按照形体结构块面的转折关系和走向运笔

同样,图1-23 (a) 所示立方体的各个面都是直的,就不应该画成像图1-23 (b) 所示那样有弧度的,否则则会给人产生误导。

图1-24 所示要表现的是一个球体。我们知道球体是有明暗交界线的,交界线所呈现的形状是像图1-24 (a) 中那样的弧形笔触,而不是图1-24 (b) 中的直线。图1-24 (b) 中要表现的应是一个圆面,而不是一个球体。

② 笔触在运用的过程中,应该注意其点、线、面的安排,笔触的长、短、宽、窄要组合搭配,不要单一,应有变化,否则画面会显得呆板。

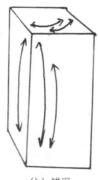　　　　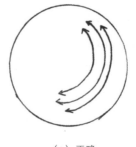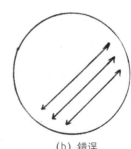

(a) 正确　　　　　(b) 错误　　　　　　　(a) 正确　　　　　(b) 错误

❀ 图1-23　立方体的各个面都是直的　　　　❀ 图1-24　表现球体

(4) 马克笔的基本运用。

① 马克笔排列不必太拘谨,要注意用笔的统一性,如图1-25 所示。

② 马克笔在绘制中不宜过“满”,要注意概念中的“满”和实际中的“满”的区别,如图1-26 所示。

▨ 马克笔的笔触。

排列笔触很关键。
注:用笔不必太拘谨。

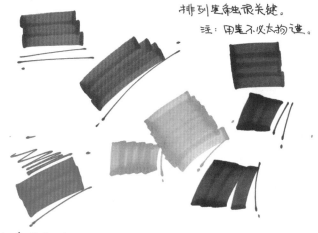

▨ 彩色铅笔的笔触。

注意用笔的统一性。

🏀 图1-25　马克笔的排笔

▨ 马克笔的基本运用。

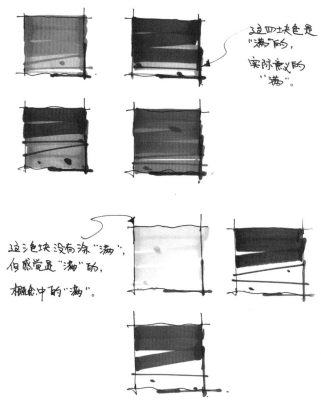

这四块色是
"满"的,
实际意义的
"满"。

这色块没有涂"满",
但感觉是"满"的,
概念中的"满"。

注:留意这两种"满"的画法。

🏀 图1-26　马克笔在绘制中不宜过"满"

③ 马克笔和彩色铅笔的结合使用，通常情况下先上马克笔后上彩色铅笔，如图 1-27 所示。

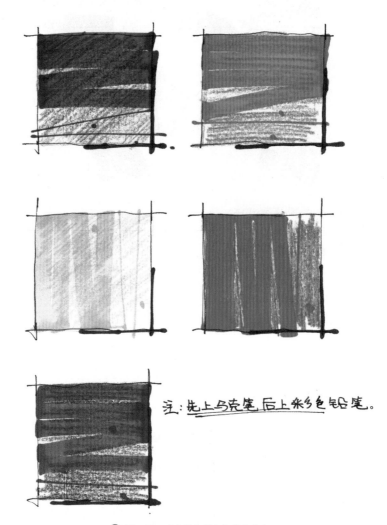

马克笔与彩色铅笔的结合运用。

注：先上马克笔后上彩色铅笔。

🎨 图 1-27　马克笔与彩色铅笔的结合

四、效果图中质感的表现

富有视觉冲击力的场景效果图，实际是由各种材质和配景来丰富和点缀的，只有将它们刻画得准确到位，才能达到理想的画面效果，以便使创建的环境完美和谐，从而再现场景空间的艺术效果。

1. 木材及其表现

木材装饰包括原木和仿木质装饰，有亲和力，加工简易方便。由于肌理不同，木材种类也是多样的，如图 1-28 所示。

比如，黑胡桃同类的木材色泽和纹理也不尽相同，有的是黑褐色，木纹呈波浪卷曲状；有的如虎纹，色泽鲜明。具体作画时，应注意木材色泽和纹理特性，以提高画面的真实感，不能仅以墨线表现，还要以点绘或勾线方式区分。

2. 玻璃及其表现

装饰中玻璃幕墙、玻璃砖、白玻璃和镜面玻璃等，有特有的视觉装饰效果，不仅透明，且对周围有映照。画面要表现透过玻璃看到的物体，还要画些疏密得当的投影线条表示玻璃的平滑与硬朗，如图 1-29 所示。

🎬 图1-28　木材材质的表现

🎬 图1-29　玻璃材质的表现

3. 石材及其表现

石材材质有着较为硬朗的线条,属于硬材质系列。不同的石材有着不同的纹理和色彩属性,笔触应肯定而有力,如图1-30所示。

🎬 图1-30　石材材质的表现

4. 织物及其表现

织物有着缤纷的色彩,在具体装饰中运用,可使空间丰富多彩。地毯、窗帘、桌布、沙发等,柔软的质地、明快的色彩,使室内氛围亲切、自然。画面可运用轻松、活泼的笔触表现柔软的质感,与其他硬材质形成一定的差异,如图1-31和图1-32所示。

🎬 图1-31　地毯材质的表现

🎬 图1-32　毛毯材质的表现

作业要求:在A4纸上完成4种以上材质的表现。

第二章 基础表现

知识目标：了解室内外基础表现的有关技法。

技能目标：能够运用所学原理进行基础表现。

第一节 室 内 篇

知识目标：熟练掌握各种陈设的表现方式。

技能目标：通过陈设练习，为表现空间奠定基础。

室内效果表现在建筑效果表现中占有相当重要的地位，正是由于有了室内空间的组织，才创造出具体的使用功能，建筑的概念才得以进一步完善。

随着社会的发展和人们生活品质的提高，人们对居住环境有了更高的要求，室内的装饰设计也就显得更为重要了。与其他设计图纸相比，室内效果图表现以三维的形式来表达，它常被作为与业主交流和汇报工作的手段。

在室内表现中，需要表现的内容和涉及的因素是多样的，它包括：平面的布置、空间的处理、界面的细部、材料的选择、色彩的搭配、家具设计和选用、灯具的设计与表现、陈设、绿化、环境气氛等。这就需要设计师有较全面的建筑知识、深厚的美学修养、扎实的绘画基本功，并还要有敏锐的观察力和较强的表现力。

室内空间表现的方法，可以先从对室内的家具、陈设物品的表现开始着手，熟练地掌握了家具的画法后再进行空间透视练习，最后进行组合设计表现，由浅入深、由简到繁，逐步形成个人的表现风格。

一、室内陈设

室内陈设是手绘表现的一个重要环节，也是营造空间气氛的重要配饰，它在手绘表现图中起着重要的作用。由于室内设计发展比较迅速，我们要紧跟市场，做到时时刻刻地去观察、去收集，积累大量的"素材"。我们可以用速写的形式，快速地将我们看到的"陈设"物记录下来，用线条反复临摹，真正地做到可以将其形象表现出来。

二、项目教学

绘制室内陈设需要注意线的透视，并在绘制过程中做到心中有数，把物体的空间关系表示清楚。具体绘制步骤如下。

1. 案例教学一

（1）先从床的外轮廓画起，注意它的透视关系和体积尺度，床角的用线很重要，可体现床所具有柔软的质感，如图 2-1 所示。

（2）画完主要的结构以后再加上床头柜，先主后次，如图 2-2 所示。

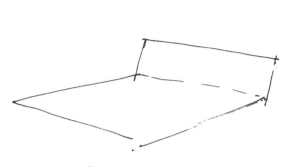

🎓 图 2-1　绘制床的外轮廓

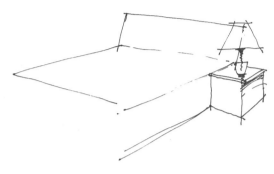

🎓 图 2-2　绘制床头柜

（3）对床进行进一步的刻画，画出床底的透视线。表现灯具时用笔要快，有利于弧度的表现，如图 2-3 所示。

（4）对床进行进一步的刻画，画出床体的透视线，如图 2-4 所示。

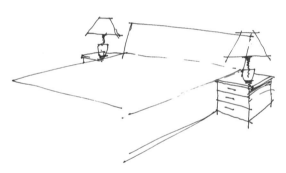

🎓 图 2-3　绘制床底透视线及灯具

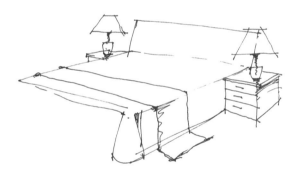

🎓 图 2-4　绘制床体透视线

（5）对床进行进一步的刻画，调整布褶，如图 2-5 所示。

（6）画出床上用品以及地毯等配饰，完成线稿，如图 2-6 所示。

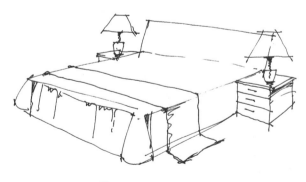

🎓 图 2-5　调整床体布褶

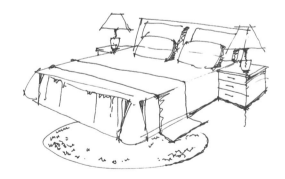

🎓 图 2-6　绘制床上用品和配饰

（7）用马克笔画出床的固有色，丰富画面颜色，如图 2-7 所示。

（8）用马克笔绘制地毯固有色，注意笔触的运用，如图 2-8 所示。

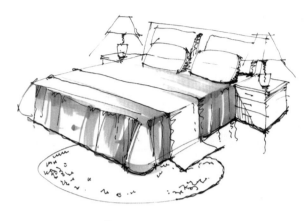

🔘 图 2-7　绘制床体颜色

🔘 图 2-8　绘制地毯颜色

（9）画出床体配饰颜色，注意笔触排列，不宜过满，如图 2-9 所示。

（10）用马克笔对床头进行绘制，注意明暗变化，如图 2-10 所示。

🔘 图 2-9　绘制抱枕和被的颜色

🔘 图 2-10　绘制床头颜色

（11）用马克笔调整画面，用中间色进行暗部的处理，如图 2-11 所示。

🔘 图 2-11　用中间色调整暗部

（12）用马克笔调整画面暗部，保证画面有足够的冲击力，如图 2-12 所示。

（13）调整画面并完成绘制，如图 2-13 所示。

图 2-12 暗部调整

图 2-13 调整环境色

2. 案例教学二

（1）根据两点透视原理绘制床体透视线稿，如图 2-14 所示。

（2）用色块法确定床体使用颜色的面积，如图 2-15 所示。

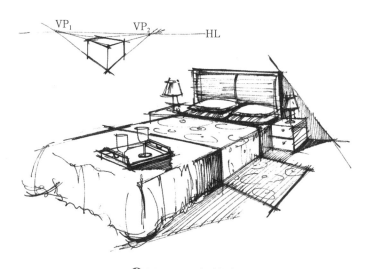

图 2-14 两点透视床

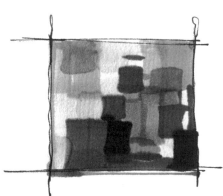

图 2-15 绘制床体色块颜色

（3）用色块中的浅颜色绘制床体颜色，如图 2-16 所示。

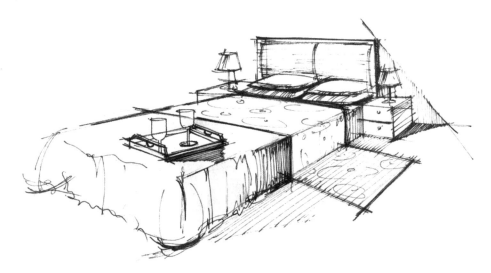

图 2-16 绘制床体颜色

（4）用色块中较深的颜色绘制配饰颜色，形成对比，注意排笔方向，如图 2-17 所示。

图 2-17　配饰的绘制（一）

（5）用色块中面积"小"的颜色绘制床头、抱枕、床上托盘，注意排笔方向，如图 2-18 所示。

图 2-18　配饰的绘制（二）

（6）用色块中同类色系的"深"颜色绘制床体及配饰暗部，形成明暗对比。注意马克笔排笔方向。最后用"高光笔"突出亮部受光面，如图 2-19 所示。

图 2-19　完成床体绘制

三、室内陈设练习

基于对线的性格的了解和对透视的掌握,绘制大量的陈设练习对室内空间表现有极大的好处,如图 2-20 ~图 2-23 所示。

作业要求:用 A4 纸完成 5 组以上的陈设练习。

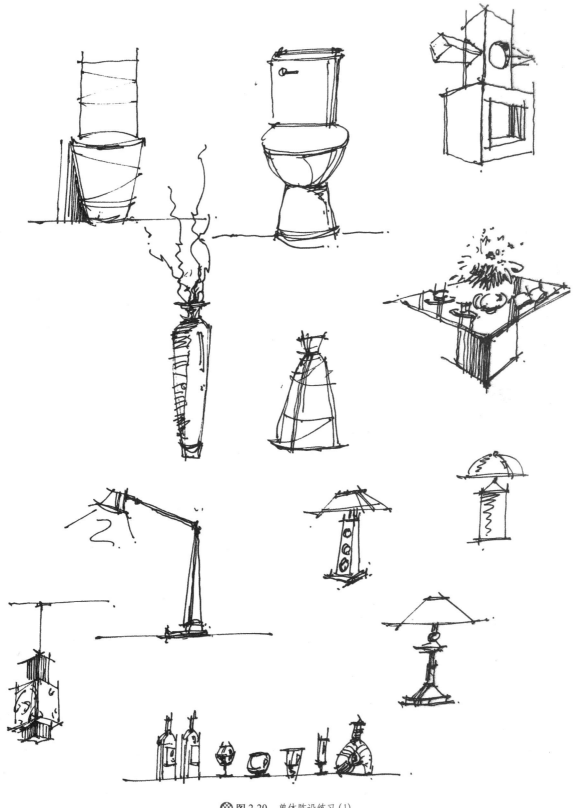

🌐 图 2-20　单体陈设练习(1)

🌀 图 2-21　单体陈设练习（2）

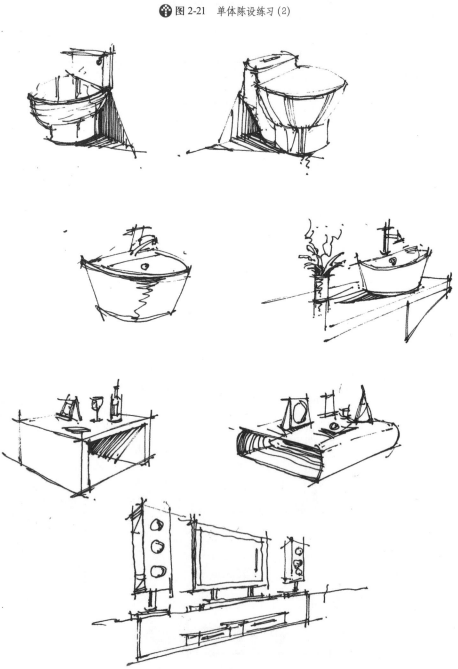

🌀 图 2-22　单体陈设练习（3）

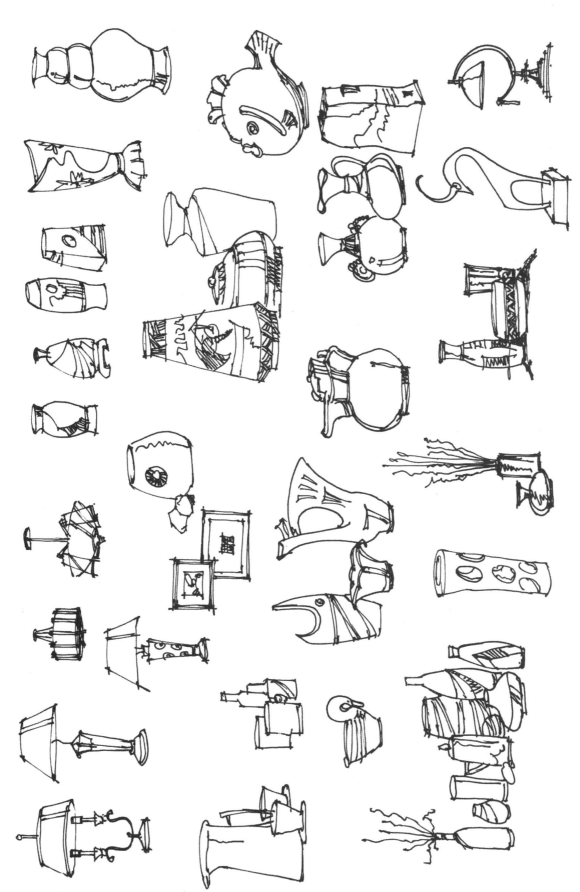

图 2-23　单体陈设练习（4）

第二章　基础表现

21

第二节 室 外 篇

知识目标： 学习室外一些配置表现方法。

技能目标： 通过学习配置表现方法，会用所学知识独立完成一幅景观效果图。

景观设计是环境艺术设计的一部分。环境艺术设计是以建筑的内外空间来界定的，以建筑、雕塑、绿化等要素来进行的空间设计，称为外部环境艺术设计，即景观设计。

景观设计作为现代艺术设计学科的一种，是通过艺术表现的方式对室外环境进行规划设计的一门实用艺术。它是为满足人们的功能（生理）要求和精神（心理）需求而创造的一种空间艺术。景观设计是为人创造适宜的生存和生活空间的规划，是有意识的主观设计行为，对便利性、舒适性和安全性有一定的设计要求，即在满足功能需求的基础上，能带给人愉悦的居住生活环境。

一、配景

透视是手绘画面的"骨架"，如果说方案主题内容是"肌肉"，那么配景就是"表皮"。配景是画面构成的重要组成部分，其华丽的外表使画面更加丰富耐看。配景不同于绘画学习，因为它们是有一定模式的。手绘表现中的配景主要是环境内容，我们先要学会常用的内容，它们都是生活中常见的形态组合。

（一）植物

植物是配景表现中最主要、最常见的内容，画面上对于自然形态部分的体现主要是靠植物配景来实现的，所以我们首先学习手绘植物的表现。

植物的形态种类极多，在手绘表现中要有选择地使用。我们学习和应用植物表现需要先理清一个简明的类别体系，按照植物在画面中上、中、下的层次关系来分，可以将其确定为"树""丛""地"三种形态概念。

1. 树

树是植物配景中首要的组成因素，也是手绘表现中最常见的配景。树的画法多种多样，在手绘表现中比较突出模式化，不需要过细地描绘树种，主要在于抓住树的形态特征。

（1）树的构造和大致比例关系（见图2-24）。

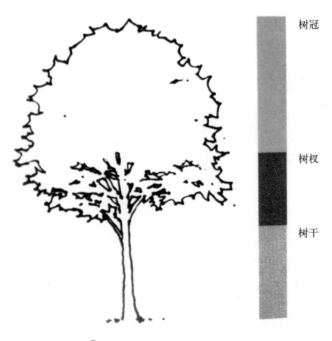

树冠

树杈

树干

🎬 图2-24 树的构造和大致比例关系

（2）普通形式的树的表现。先从树干画起,要注意粗细和长度的比例关系;树根部略微"展开";整体树干的表现效果是匀称而苗条的,如图 2-25 所示。

① 枝杈部分是很重要的,主杈不能过多,两三根就可以了,要注意上细下粗的形体收缩。主杈与分支有明显的粗细对比,至少要分出三种粗度级别。整个分叉形态的角度不可太小,应该是像花一样的状态,是"先陡后缓"的扩散效果,如图 2-26 所示。

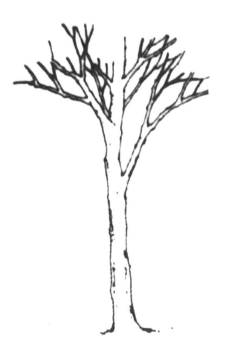

图 2-25　树干的画法

图 2-26　树杈的表示方法

② 给枝杈"收尾",用齿轮线把画好的枝杈自然地连接起来,不一定非要沿着枝杈外形去画。关键是要注意这条连线的轮廓,要具有上下起伏的自然节奏变化,如图 2-27 所示。

③ 用"齿轮线"画出树冠的外轮廓,注意上窄下宽的形态特征以及线条的起伏节奏变化,如图 2-28 所示。

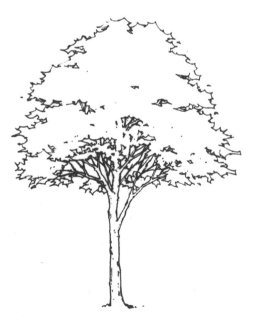

图 2-27　调整枝杈

图 2-28　绘制树冠外轮廓

（3）几种常见的树冠形式（见图2-29）。

（a）等边三角形的形式（适合小型树的表现）

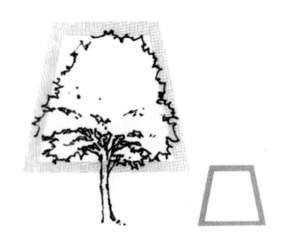

（b）偏梯形的形式（适合中型树的表现）

（c）偏长一些的等腰三角形的形式

（d）"葫芦"形式（适合大型树的表现）

图2-29　树冠的表示形式

2. 丛

（1）草丛。草丛一般以近景形式点缀在画面的角落，体现野生的自然效果。但是草丛的组成内容不是单纯的草，而是由多种小型植物汇集的植物组团形式。

这种草丛的画法没有特定的规则，需要注意的是各种页面之间的穿插、层次以及大小比例关系，如图2-30所示。

（2）花丛。花丛有两种形式：一种近似于草丛，也同样汇集于画面的边角，为近景起装饰作用，这种表现需要细致一些，趋于写实。另一种是方案中经常出现的花池，通常被放在画面的中景部分，表现为连续的团状效果，不需要进行细致刻画。

（3）低矮灌木丛。低矮灌木丛在画面中的表现十分概括，不适合作为近景使用，比较适合放在中景、远景。低矮灌木丛主要起填充和点缀作用，被用来适当遮挡主体内容，为画面增添郁郁葱葱的自然效果。低矮灌木丛的轮廓自然而富有韵律，整体形态要有团状的效果和体积感，树干和枝杈可以忽略不画，如图2-31所示。

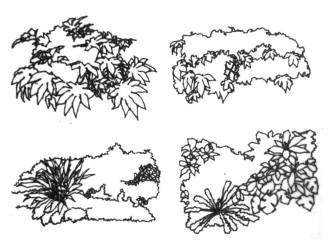

🌱 图2-30   草丛的绘制形式

🌱 图2-31   低矮灌木丛的绘制形式

3. 地

草地在环境设计中是对绿化程度和自然效果的直接体现,它所占的面积很大,在手绘画面中更是衬托"树"和"丛",同时也是烘托整体环境气氛的要素,如图2-32所示。

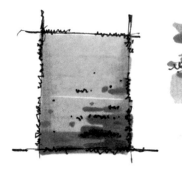 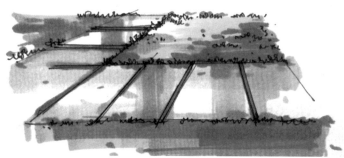

🌱 图2-32   地绘制形式

(二)水

1. 水面

画水面主要画的是倒影效果,水中的倒影是通过一种折线形式的笔法表现的,就像荡漾的水波。表现倒影效果用铅笔或绘图笔都可以,画的时候要注意上紧下松,收尾处要含蕴自然。

倒影画得不宜过密,更不能过于近似、均衡。采用折线的形式就是为了突出水岸的效果,以此来衬托水面,所以水面的部分大多是空白不画的。

2. 跌水

跌水是指溪流、小型瀑布或水池的水流跌落的形式,体现水流的自然动感。表现这种效果通常是预先留出空白,而后添加自然的水流缝隙。如果使用铅笔作为工具进行表现,可以略微地将边缘虚化,水流的纹路也可以通过轻微的"蹭笔"来表现,这样整体上看起来比较含蓄,如图2-33所示。

图 2-33　跌水的表现形式

3．喷泉

喷泉的水流轨迹是抛物线形式的水柱,表现这种效果要预先留出空白,随后用笔将边缘稍加强调。另外,还可以最后用橡皮、修正液（提线笔）等修改工具修出其形态,以突出水柱的体积感。

（三）石

石不仅与水配合,还可以放在草地、路边等适合的位置作为配景点缀,如图 2-34 所示。

图 2-34　石的绘制方法

（四）人

人是重要的配景之一,可以增强画面生动感,体现空间进深,最重要的是因为人可以作为衡量空间的尺度标准。

一种是比较"硬"的表现形式。这种表现方式使人物体型偏修长,用笔迅速,线条硬度效果非常明显。这种形式适用于快速表现,画面整体用笔效果也大都采用这种形式,如图 2-35 所示。

图 2-35　人物的"硬"画法

另一种表现方式更加概括。这种表现方式不突出体态特征,是一种轮廓表现的效果,同时也不去表现动态特征,身体部分有点像"口袋"。这种形式在快速表现中比较实用,旨在配合环境气氛的表达,而不强调真实性刻画,如图 2-36 所示。

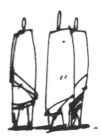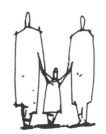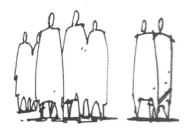

🎨 图 2-36　人物的"口袋"画法

人物速写画法遵循比例、着装、动态等原则,如图 2-37 所示。

● 比例:注意人体的大致比例,男为七个半头,女为六个半头。

● 着装:在手绘表现中,男人身着西装、夹克,女人穿裙子,这样的画面效果会比较生动。

● 动态:在画面中要强调站、行、坐几种基本动态的差异,更需要体现正面、侧面以及半侧面的不同形式,这样才会显得生动自然。对于特殊姿态动势可根据情况需要添加(如跳舞、游泳以及运动形式等),一些偶然动作以及过于特殊和夸张的姿态最好不要采用。

🎨 图 2-37　人物画法

（五）配景与环境气氛

适当的遮挡可以使方案内容更加含蓄自然,使之融合于环境气氛中。所以,配景既是个名词也可以说是个动词,关键还要看如何去"配"。以下是一些配景方式的建议和提示。

1. 商业及公共空间场景的表现

（1）人物表现丰富,但要注意拉开进深层次。

（2）占据画面比较多的还是各种广告形式。

（3）休闲茶座（遮阳伞）是最适合此类场景气氛表现的配景之一。

（4）要注意表现规则有序的地面铺装。

（5）适量添加一些气球、彩带、飘带等配景形式,可以有效地突出商业气氛。

（6）植物配景表现适当减弱,树木不宜过大,强调序列规则的效果,池栽形式比较适合,不要随意添加低矮灌木。

2. 居住空间场景的表现

（1）树木和草地等各种植物配景的画面占有率比较高。

（2）根据方案设计情况,尽量突出与水有关形式的表现。

（3）强调近景路面的铺装形式。

（4）栅栏形式适合添加于别墅住宅场景。

（5）适当添加休闲座椅和低矮照明。

（6）儿童游乐设施也很适合表现生活气氛,但不要过分突出。

（7）人物配景的数量不宜过多,应适当点缀于画面。

3. 配景中应注意的问题

配景在手绘表现中的自由度其实比较大,不要过多地顾虑,要敢于自由添加、组合,这样才能够逐步提高对画面控制把握的能力,在学习时也应该建立这样的自信。大胆地应用并不是不假思索地随意表现,有以下几个值得注意的问题。

（1）配景表现的目的是为了配合方案设计,不能过分突出和强调,否则不是"画蛇添足"就是"喧宾夺主"。

（2）应该特别注意配景添加与组合的逻辑性,如地域性、季节性等很多基本的逻辑概念,在表现中要注意思考和审视,不可大意,否则会适得其反。

（3）合理的配景表现是为画面营造和平、正常的气氛,要回避特殊性、偶然性的成分,更不要随便用配景为画面制造"故事情节"。

（4）添加配景并不是个性绘画的表现,所以不要特意去把一些自己喜好的形式强行作为配景加入画面,这样往往会影响气氛的表达,甚至破坏画面的效果。

二、植物练习

植物练习作品见图 2-38～图 2-41。

作业要求: 用 A3 纸完成 5 组景观配景的练习。

图 2-38 植物练习（1）

🔷 图 2-39　植物练习（2）

图 2-40 植物练习 (3)

图 2-41　植物练习（4）

第三章　空间表现

知识目标：了解室内外空间表现的有关技法。

技能目标：能够运用所学知识及原理进行空间的绘制与颜色表现。

第一节　空间表现绘制步骤

知识目标：学会效果图的绘制步骤和方法。

技能目标：通过学习效果图的绘制步骤和方法,会运用透视原理和绘画技巧绘制彩色效果图。

马克笔表现图步骤如下：

(1) 绘制出准确的铅笔透视稿,并可以将其复印多张,做不同的色稿练习。先用适宜的淡彩或选一种灰色将室内墙体、天棚的色调、光影关系用退晕渐变的手法表现出来。

(2) 进一步深入刻画,用马克笔将室内空间环境关系、家具陈设造型、色调、材料质地、光影明暗等效果巧妙、生动地塑造出来。笔触要富于表现力,色彩要丰富、鲜明、生动。

(3) 对画面整体关系做统一调整,局部色彩关系可以用彩色铅笔来加强,以取得画面整体协调的完美效果。

第二节　室内外项目教学

知识目标：了解室内外项目设计的特点及方法。

技能目标：熟练掌握室内外项目的设计方法。

一、项目教学——室内项目

(一)平面图设计规划

1. 对平面进行初步的规划

根据客户要求对平面进行初步的规划,如图 3-1 所示。

2. 绘制平面布置图时的注意点

(1) 既要满足功能上的需求,又要表现出画面效果。

(2) 在使用马克笔时注意马克笔的排列笔触,避免脏乱。

(3) 注意考虑画面的光照方面。

(4) 适当地结合彩色铅笔进行表现。

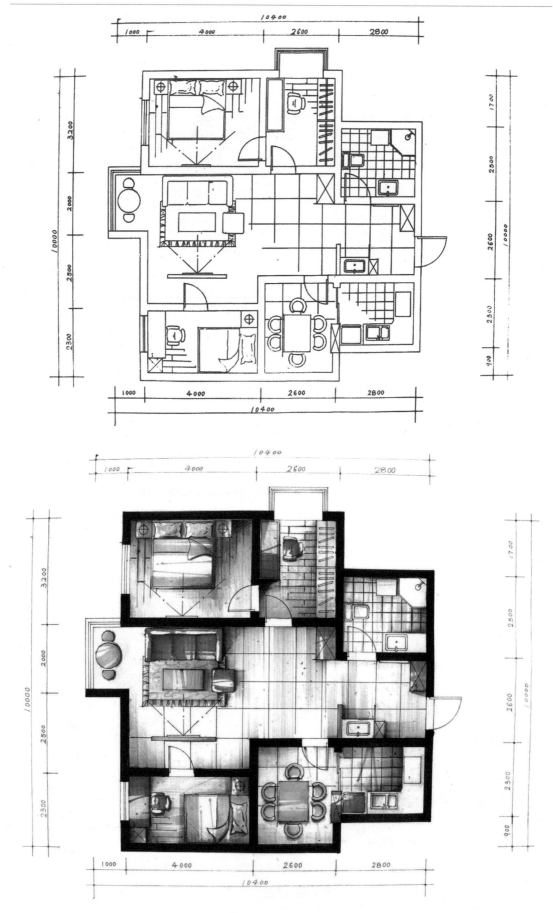

图 3-1 平面布置图

（二）家居室内空间上色

（1）根据客户的要求，设计出符合要求的客厅，如图 3-2 所示。

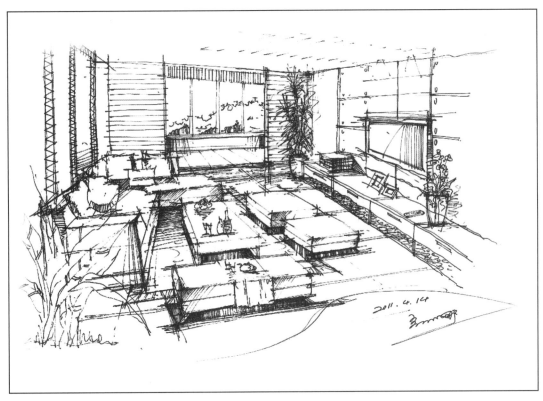

图 3-2　方案效果图

（2）用马克笔绘制家具底色，绘制时注意马克笔的排列方向，如图 3-3 所示。

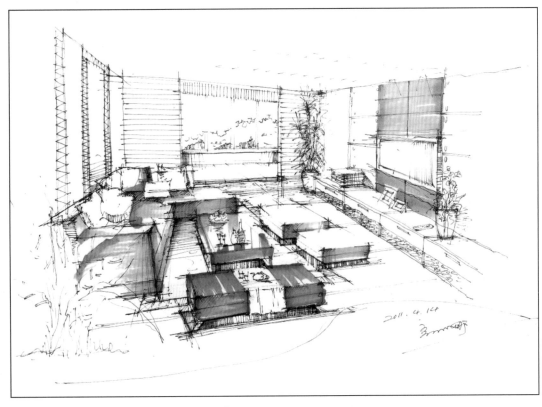

图 3-3　绘制家具底色

第三章　空间表现

（3）绘制地毯和电视背景墙底色，如图 3-4 所示。

🌐 图 3-4　绘制地毯和电视背景墙底色

（4）绘制地面和室内植物底色，注意"留白"，如图 3-5 所示。

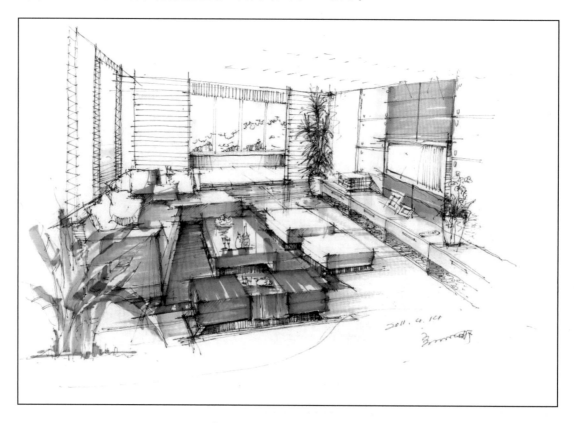

🌐 图 3-5　绘制地面和室内植物底色

（5）绘制家具的暗部颜色及投影，使空间初步具有空间感，如图 3-6 所示。

🌐 图 3-6　绘制家具的暗部颜色及投影

（6）绘制背景墙光影照射效果，使背景墙更加富有立体感，如图 3-7 所示。

🌐 图 3-7　绘制背景墙光影照射效果

（7）绘制室内配饰暗部的颜色，增强空间的立体感，如图 3-8 所示。

🎨 图3-8　绘制室内配饰暗部的颜色

（8）调整室内空间细节部分，加重投影及家具的暗部，如图 3-9 所示。

🎨 图3-9　调整室内空间细节

（9）调整整个空间，将事物的质感表现出来，完成最后的空间颜色，如图 3-10 所示。

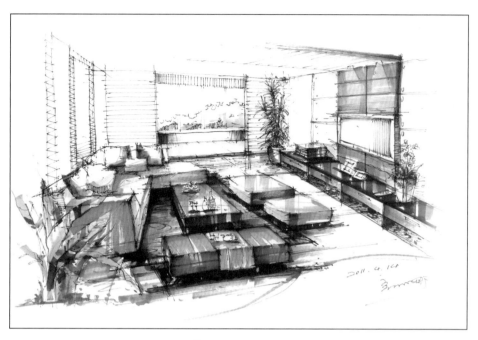

二、項目教學——室外項目

該項目的整體製作流程如下：

（1）繪製出準確的鉛筆透視稿，並可以將其複印多張，做不同的色稿練習。先用適宜的淡彩或選一種灰色，將建築的基本色調、光影關係用退暈漸變的手法表現出來。

（2）進一步深入刻畫，用馬克筆將建築與環境關係、色調、光影明暗等效果巧妙、生動地塑造出來。筆觸要富有表現力，色彩要豐富、鮮明、生動。

（3）對畫面整體關係做統一調整，局部色彩關係可以用彩色鉛筆來加強，以取得畫面整體協調的完美效果。

下面介紹具體的操作步驟。

（1）繪製建築線稿，把握建築與環境的關係，如圖 3-11 所示。

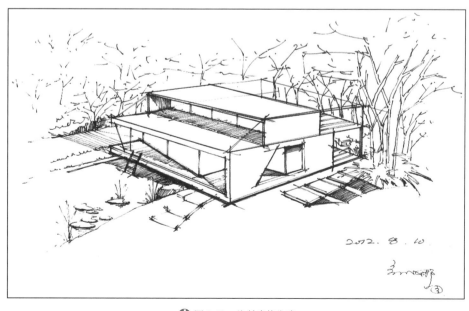

圖 3-11 繪製建築線稿

（2）绘制建筑部分和植物部分的颜色，注意马克笔的排列和颜色搭配，如图 3-12 所示。

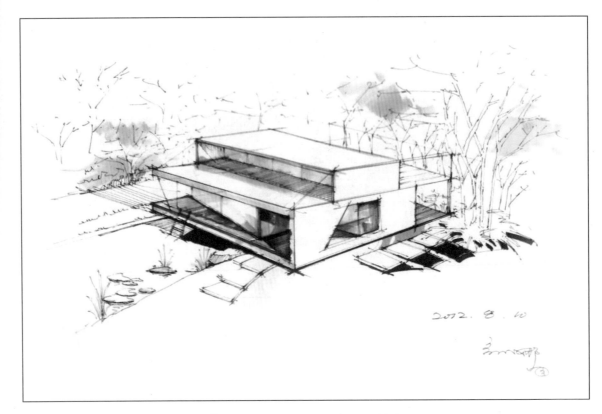

🌐 图 3-12　绘制建筑部分和植物部分的颜色

（3）绘制建筑暗部的颜色，增加体积感和立体感，如图 3-13 所示。

🌐 图 3-13　绘制建筑暗部的颜色

（4）绘制建筑周围的环境色，将植物的层次体现出来，如图3-14所示。

（5）调整植物的层次性，将植物的颜色分成三种层次表现，如图3-15所示。

（6）加重植物暗部的颜色，衬托出主体建筑结构，如图 3-16 所示。

图 3-16　调整植物暗部的颜色

（7）将建筑主体的玻璃绘制出来，要和周围的环境紧密地结合，如图 3-17 所示。

图 3-17　绘制玻璃材质

(8) 调整画面,用提线笔将玻璃的反光画出,完成最后的工作,如图 3-18 所示。

2012. 8. 10.

🎓 图 3-18　调整画面

第四章　案　例　赏　析

如图 4 - 1 ～图 4 - 75 所示为案例赏析作品。

🌐 图 4-1　海洋馆观景区（韩孟琪）

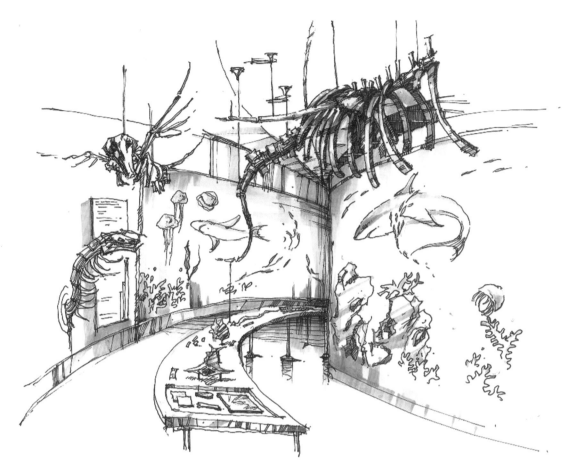

🌐 图 4-2　海洋馆通道（韩孟琪）

🌐 图 4-3　接待区设计（尹勐）

🌸 图 4-4　售楼处设计（常语慧）

🌸 图 4-5　前厅设计（常语慧）

🏵 图 4-6　餐饮空间设计（1）（常语慧）

🏵 图 4-7　餐饮空间设计（2）（常语慧）

图 4-9　展览空间设计（常语慧）

图 4-10　咖啡店设计（常语慧）

图 4-11　盛京皇城（1）（尹勐）

盛京皇城

皇城古韵

一脉相传

图 4-12　盛京皇城（2）（尹勐）

皇城古韵
一脉相传

盛京
皇城

图 4-13　盛京皇城（3）（尹勍）

皇城古韵
一脉相传

盛京
皇城

图 4-14　盛京皇城（4）（尹勍）

图 4-15　餐厅设计（尹勍）

图 4-16　展厅设计（尹勍）

图 4-17 前厅设计（尹勐）

图 4-18 售卖区设计（尹勐）

🏵 图 4-19　大堂设计（尹勤）

🏵 图 4-20　校史馆设计（1）（尹勤）

图 4-21　校史馆设计（2）（尹勐）

图 4-22　校史馆设计（3）（尹勐）

图 4-23　校史馆设计（4）（尹勐）

图 4-24　校史馆设计（5）（尹勐）

🏛 图 4-25   校史馆设计（6）（尹勐）

🏛 图 4-26   餐厅设计（丁建秋）

图 4-27　休闲区设计（丁建秋）

图 4-28　卧室设计（1）（丁建秋）

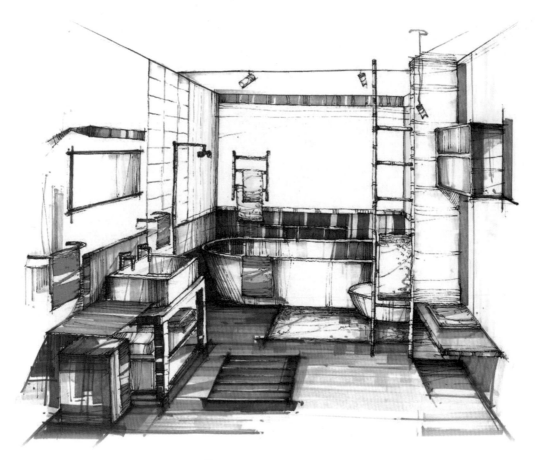

图 4-31　卫生间设计（王思）

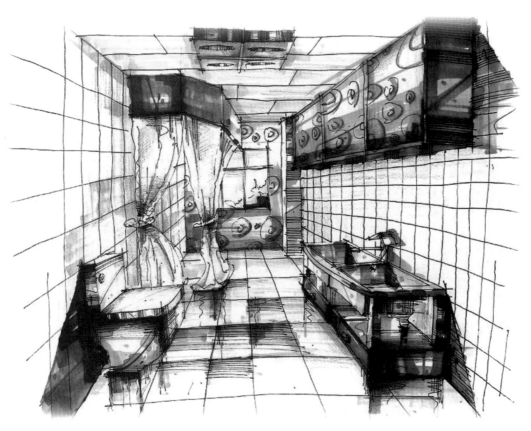

图 4-32　卫生间设计（丁建秋）

图 4-33 卫生间设计（田越）

图 4-34 客厅设计（齐梦）

🎨 图 4-35　客厅设计（郝玉）

🎨 图 4-36　客厅设计（1）（田越）

图 4-37　客厅设计 (2) (田越)

图 4-38　景观小品 (1) (吕从娜)

⊕ 图4-39　景观小品（2）（吕从娜）

⊕ 图4-40　校园一角（尹勐）

图 4-41　园林设计（尹勐）

图 4-42　欧式建筑表现（吕从娜）

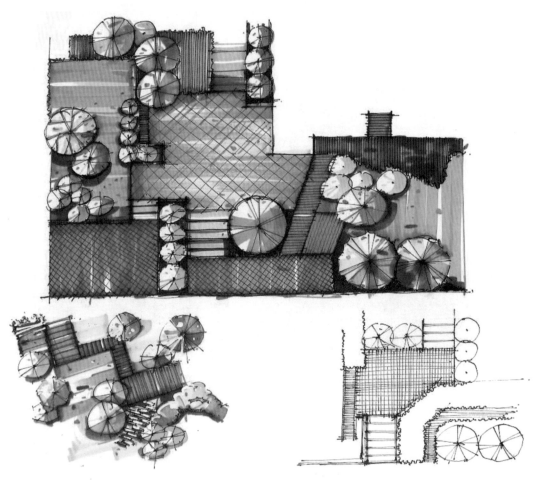

图 4-43　景观平面表现（吕从娜）

图 4-44　建筑设计（丁建秋）

2011. 4. 28

图 4-45　建筑设计（吕从娜）

图 4-46　奥体中心（何幸子）

图 4-47　房地产大厦（牟宇）

图 4-48　客厅设计（1）

图 4-49　客厅设计（2）

图 4-50　客厅设计（3）

🔆 图4-51 餐厅设计

🔆 图4-52 卫生间设计（1）

🌐 图4-53　卫生间设计 (2)

🌐 图4-54　书房设计 (1)

🏮 图 4-55　书房设计（2）

🏮 图 4-56　书房设计（3）

🎁 图 4-57　卧室设计 (1)

🎁 图 4-58　卧室设计 (2)

图 4-59　卧室设计 (3)

图 4-60　卧室设计 (4)

图4-61　卧室设计 (5)

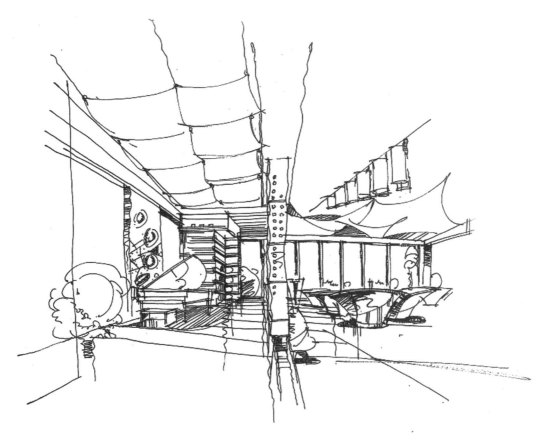

图4-62　共享大厅设计

图 4-63　办公区设计

图 4-64　园林设计（1）

图 4-65　园林设计（2）

图 4-66 园林设计（3）

图 4-67 园林设计（4）

图 4-68　景观一角

图 4-69　乡村一角（1）

😊 图 4-70　乡村一角（2）

😊 图 4-71　方案随笔

🐾 图 4-72 建筑一角

图 4-73　凉亭一角

图 4-74　敦煌莫高窟九层楼（张复宇）

图 4-75　福建泉州东西塔（张复宇）

参 考 文 献

[1] 李国涛. 马克笔表现技法入门 [M]. 北京：人民邮电出版社，2015.

[2] 谢尘,王丽洁. 最手绘：室内设计马克笔效果图步骤详解 [M]. 武汉：湖北美术出版社，2013.

[3] 张恒国. 室内设计手绘效果表现 [M]. 北京：北京交通大学出版社，2011.

[4] 郑晓慧. 室内手绘新范本——新锐手绘师 [M]. 武汉：华中科技大学出版社，2016.

[5] 马澜. 室内外表现技法 [M]. 上海：东华大学出版社，2012.

[6] 任全伟. 钢笔·马克笔·彩铅：建筑手绘表现技法 [M]. 北京：化学工业出版社，2014.

[7] 刘宇. 手绘设计（室内马克笔表现）[M]. 沈阳：辽宁美术出版社，2013.

[8] 王东,余彦秋,刘清伟. 室内设计手绘与项目实践 [M]. 北京：人民邮电出版社，2016.

[9] 设计手绘教育中心. 家具设计与手绘表现从入门到精通 [M]. 北京：人民邮电出版社，2016.

[10] 庐山艺术特训营教研组. 室内设计手绘表现 [M]. 沈阳：辽宁科学技术出版社，2016.

[11] 赵国斌,柯美霞,符学丽. 室内设计手绘效果图 [M]. 沈阳：辽宁美术出版社，2014.

[12] 裴爱群. 室内设计实用手绘教学示范 [M]. 大连：大连理工大学出版社，2009.

[13] 潘周婧. 印象手绘——室内设计手绘线稿表现 [M]. 北京：人民邮电出版社，2016.

[14] 邓操,张雁龙,王术晶. 室内外空间环境设计与快速表现 [M]. 沈阳：辽宁美术出版社，2014.

[15] 李国涛. 马克笔手绘表现技法入门建筑表现 [M]. 北京：人民邮电出版社，2015.

[16] 杨慧全,郭琼,邓璀颖. 家具设计手绘表现 [M]. 北京：化学工业出版社，2016.

[17] 曾海鹰. 室内设计快速表现 [M]. 北京：化学工业出版社，2016.

[18] 缪肖俊. 手绘意：室内外空间环境设计与快速表现 [M]. 沈阳：辽宁美术出版社，2012.

[19] 刘宇. 室内外手绘效果图 [M]. 沈阳：辽宁美术出版社，2008.

[20] 郭明珠. 室内外效果图手绘表现技法 [M]. 北京：北京大学出版社，2010.